EXAMEN

DE L'OUVRAGE DE M. LE DOCTEUR DUFIEUX,

INTITULÉ : NATURE ET VIRGINITÉ,

CONSIDÉRATIONS PHYSIOLOGIQUES SUR LE CÉLIBAT RELIGIEUX.

PAR

M. LE DOCTEUR P. DIDAY.

LU A LA SOCIÉTÉ DE MÉDECINE DE LYON.

LYON.

IMPRIMERIE D'AIMÉ VINGTRINIER,
QUAI SAINT-ANTOINE, 36.

1855.

[illegible]

[illegible]

[illegible]

[illegible]

[illegible]

[illegible]

[illegible]
[illegible]

EXAMEN

DE L'OUVRAGE DE M. LE DOCTEUR DUFIEUX,

INTITULÉ : NATURE ET VIRGINITÉ,

CONSIDÉRATIONS PHYSIOLOGIQUES SUR LE CÉLIBAT RELIGIEUX.

———

MESSIEURS,

Disciple obscur mais dévoué de cette école philosophi-
que qui place dans la raison humaine la source et le crité-
rium de toutes nos croyances, pour qui la légitimité des
penchants naturels est un axiome, je ne pouvais voir de
sang froid la publication d'un ouvrage où la thèse contraire, malgré les ambages de la forme, est explicitement
défendue. Jusqu'à présent, les défenseurs du célibat ecclé-
siastique avaient puisé leur argumentation dans le renon-
cement aux impressions de la nature pour s'élever à une
mission plus sublime : la contemplation pure ou le dé-
voûment de l'apostolat. Si l'auteur s'était renfermé dans
la considération du principe religieux, certes, nul de nous
n'aurait songé à porter la discussion à une hauteur au-
dessus de toute attaque. Mais il dédaigne cet avantage.
Sortant hors de ses retranchements, comme il le déclare lui-
même, c'est au nom *de la nature*, *c'est appuyé sur l'histoire naturelle*, qu'il vient soutenir la thèse, si je puis ainsi
dire, de l'indifférence en matière de génération. Courir
sus à ce dangereux paradoxe a été pour moi tout à la fois
un devoir et une tentation. Je n'ai pas voulu résister à ce

premier mouvement. J'y cède avec plaisir , avec confiance devant les juges impartiaux et éclairés qui m'entendent. Ils me connaissent assez pour savoir que cette grave question ne sera agitée que d'une manière digne d'eux. Je passe donc sur les propos malins qui déjà semblent avoir voulu faire supposer à l'ex-chirurgien de l'Antiquaille quelque intérêt *spécial* à ce que le débat fût résolu en faveur du libre fonctionnement ; et, animé par une conviction au moins égale à celle de l'auteur, j'entre en matière.

L'union des sexes est-elle commandée par la loi naturelle ? Non, répond très-catégoriquement M. Dufieux. Cet acte, pour les individus, est entièrement facultatif ; tout prouve qu'il n'entre point dans le plan du Créateur de les y contraindre.

Développant sa pensée pour réfuter par avance les objections de ses adversaires, l'auteur établit que ni la présence des organes sexuels, — ni l'existence des penchants qui le sollicitent à en user, — ni le besoin de sa santé, — ni les intérêts de la propagation de l'espèce ne peuvent faire supposer que l'homme soit , de par la nature, obligé au mariage. Nous adoptons nous-même cette division de l'ouvrage , pour faciliter l'examen auquel nous allons le soumettre.

CHAPITRE Ier.

PRÉSENCE DES ORGANES.

Les intentions du Créateur peuvent se connaître par l'examen de ses œuvres ; car une cause souverainement intelligente ne fait pas plus l'inutile qu'elle n'omet le nécessaire. Aussi, lorsque vous voyez des organes, concluez, et sans crainte d'erreur, qu'ils n'ont point été mis là pour autre chose que pour servir. C'est ce que dit le simple bon sens ; c'est ce qu'un respect bien entendu de la sagesse toute puissante ne nous permet pas de méconnaître ; c'est ce qu'ont fait les éminents naturalistes dont la puissante déduction a su deviner, par la seule inspection anatomique, le caractère et les mœurs de certaines espèces animales.

M. Dufieux ne veut pas qu'il en soit ainsi pour l'appareil génital. Il remarque d'abord que les canaux éjaculateurs, chez l'homme, s'ouvrent dans l'urètre ; il n'y a donc là qu'un organe pour deux fonctions, l'émission du sperme et celle de l'urine. Dans cet arrangement, le représentant de la copulation n'a même que la seconde place. Cela « démontre péremptoirement, dit-il, que le Créateur a si peu eu l'idée de nous donner une expression certaine de l'obligation de l'acte par la présence des organes qu'il n'a pas même voulu créer un appareil organique uniquement et entièrement affecté à la copulation. »

Messieurs, l'œsophage et la trachée se réunissent, au pharynx, en un seul conduit. Aurions-nous donc jusqu'ici transgressé la loi naturelle, en nous permettant de respi-

rer et de manger ? — Il y a plus : l'auteur tient beaucoup à prouver que les canaux spermatiques ne sont, par
rapport à l'urètre, qu'un embranchement secondaire (1) ;
que les premiers s'ouvrent dans le second, non le second
dans les premiers : et vous avez vu la conséquence qu'il en
tire. Mais plus loin, examinant le même appareil dans
l'autre sexe, il écrit (page 66) que « le canal urinaire s'ou-
vre *dans le vagin* » ! Or, ce dernier étant bien évidemment ici le conduit principal, M. Dufieux oserait-il nous
taxer d'inconséquence, si au nom de sa doctrine, et son
texte en main, nous venions soutenir, à notre tour, que
« le Créateur a si peu eu l'idée de donner à la femme par
la présence des organes une expression certaine de l'obligation... d'uriner, qu'il n'a pas même voulu créer chez elle
un appareil uniquement et entièrement affecté à cet usage!»
Mais passons : ce n'est là sans doute qu'une sentinelle per-
due, qu'un ballon d'essai ; et nous ne ferons pas à l'auteur
l'injure de dire : *Ab uno disce omnes.*

Le corps caverneux, agent de l'érection, remplit bien,
lui, cette condition de ne servir qu'à la copulation. Mais, dit
l'auteur, « il y a dans cet organe quelque chose de précaire
et d'instable, qui lui empêche d'être continuellement lui-
même. Sa présence dans l'économie ne saurait donc avoir
aucune signification bien précise relativement à l'obligation d'accomplir l'acte conjugal. » D'ailleurs, continue-t-il,

---

(1) La physiologie n'est rien moins que fixée sur ce point important
que M. Dufieux considère comme lui étant accordé sans contestation.
Mais c'est par de patientes dissections, par des recherches d'anatomie
comparée que l'on arrivera à compléter ce qui a déjà été, tout récem-
ment, fait dans ce sens, et non par des considérations spéculatives im-
provisées pour le besoin d'une discussion où la science n'intervient
que comme moyen de défense.

« le Créateur ayant placé la puissance érectile en dehors de la volonté humaine, l'homme ne peut pas être obligé, de par la nature, à produire l'érection. » Singulière déduction! L'estomac est-il donc constamment, est-il à volonté dans les conditions vitales où se développe le sentiment de la faim? Et l'intermittence, l'indépendance de cette sensation prouverait-elle, par hasard, selon vous, qu'il puisse être indifférent de lui donner satisfaction lorsqu'elle vient à paraître?

La copulation, poursuit l'auteur, « n'est point une fonction essentielle. puisqu'elle est abolie chez le vieillard et ignorée de l'enfant. »—Que dire d'un botaniste qui prétendrait que la destination de l'arbre n'est pas de porter des fruits, parce que, trop jeune, il n'en porte pas encore, et que, trop vieux, il n'en porte plus?

Quatrième argument (mais celui-ci devient sérieux). « Les organes de la génération sont répartis sur deux êtres distincts. Or, on ne peut pas raisonnablement supposer que, pour nous obliger à l'acte, Dieu ait commencé par soustraire une partie de ces organes à notre puissance, en ne dotant chacun des sexes que de la moitié des instruments nécessaires à l'accomplissement de l'acte copulateur.» En outre, dit l'auteur, les conditions anatomiques et physiologiques sont telles que, en aucun cas, celui des deux qui répugne à la copulation ne peut être forcé par l'autre de la subir. Dieu pouvait-il indiquer plus clairement que cet acte n'est point une nécessité de l'organisme, qu'il ne constitue qu'une fonction purement facultative?

Je pourrais, contre le théorème précédent, invoquer le fait très-réel de cette diversité infinie de goûts, de caprices, qui, combinée avec la diversité non moins féconde de conformations physiques et morales, finit toujours par rassembler tous les êtres de la création en couples harmoniques. La volonté qu'on nous montre avec raison comme pouvant suffire à empêcher les rapprochements, les provoque en réalité bien plus qu'elle n'y met obstacle. Bien disgracié serait l'homme pour qui cet isolement des sexes resterait toute sa vie une barrière infranchissable ! Et le proverbe trivial, espoir fondé de toute demoiselle un peu trop majeure, se trouve, à chaque instant, vérifié par de si curieux exemples qu'il est bien permis de voir aussi une loi dans ce jeu de la nature qui se plaît à accomplir souvent, en dépit de toute prévision, là comme pour le système fameux des atômes, l'accrochement mutuel des plus variés, des plus bizarres.

Pour moi, Messieurs, je crois lire, dans cette répartition des sexes sur deux êtres, un tout autre dessein de notre mère-nature. Elle a destiné l'homme à vivre en société : nul ne le conteste; et j'en trouverais, au besoin, la preuve éloquente dans ces pages même que j'analyse sous vos yeux. Mais souvent des passions égoïstes, jalouses, cupides, violentes, naissent du contact des personnes, du froissement des intérêts. Pour prévenir, pour apaiser ces germes de discorde, la prévoyante sagesse a usé d'une arme qu'elle avait toute prête entre les mains. L'instinct de la reproduction, le premier, le plus puissant des besoins qu'elle ait placés dans nos cœurs, grâce à l'isolement des sexes, elle l'utilise à rapprocher les individus, à les grouper et les retenir par le plus attrayant des liens. Ainsi, ce qui perpétue l'espèce va constituer en même temps la famille, ce nucléole essentiel de la cellule sociale, sans que l'un des deux résultats ait jamais à souffrir, bien au contraire, du développement prédominant que prendrait le second de ces instincts.

Si la société bénéficie de la nécessité providentiellement imposée aux deux sexes de se chercher pour s'unir, combien cette obligation naturelle ne va-t-elle pas nous apparaître plus admirable encore par le rôle qu'elle joue dans les rapports entre enfants et parents. Supposez les deux sexes rassemblés sur un seul individu : la formation du fœtus, dès lors, devient une simple secrétion récrémentitielle ; sa naissance une exonération, qui ne laisse pas plus de souvenirs qu'elle n'impose de devoirs. — Dans les plans de la nature, au contraire, que de tendresse se confond, que de reconnaissance s'échange, que de soins se prodiguent autour d'un berceau ! C'est dans ce but, n'en doutons pas, c'est pour que l'enfant fût le gage, en même temps que le fruit, d'un amour prouvé par le mutuel consentement que sa procréation implique, que Dieu n'a doué chacun des deux géniteurs que d'une moitié du pouvoir prolifique.

Jetez un coup d'œil sur la série zoologique ; voyez-y cet isolement des sexes aller en diminuant progressivement à mesure que la sociabilité s'efface, à mesure que la surveillance des parents est moins nécessaire à leur progéniture. Dans les mammifères autres que l'homme, un instinct presque forcé, à retours périodiques, remplace cette faculté incessamment en vigueur chez le Roi de la création. Aussi, là déjà, plus d'union librement consentie, ravivée par la vie intime et les contacts multipliés ; plus de rapports durables des petits avec ceux qui les ont engendrés. — Chez les poissons, à la copulation véritable se substitue une fécondation à distance, sans conjoints, où deux individus suffisent à reproduire et animer des centaines d'œufs aussitôt abandonnés que vivifiés. — Suivez cette décadence de l'acte générateur, parallèle à l'affaiblissement graduel

*

des attributs de la vie de relation. Remarquez, un peu plus bas, chez les arachnides, un seul accouplement opérant la fécondation de plusieurs pontes successives. Arrivez enfin aux mollusques; et quand vous vous souviendrez que, pour trouver l'hermaphrodisme, il a fallu descendre jusqu'à ces êtres enchaînés à l'exercice exclusif des fonctions purement végétatives, reportez alors vos regards vers l'extrémité supérieure de l'échelle, et, demandez-vous si le mode de génération institué pour nous par le Créateur n'aurait point quelqu'autre signification que de nous enseigner la liberté de ne pas engendrer !

Abordons un autre argument. Après une laborieuse supputation de la proportion des naissances, compensée par celle des décès, l'auteur établit que le nombre des hommes, comparé à celui des femmes, est de 102 environ pour 100. Voilà donc, conclut-il, 2 hommes sur 100, que la nature suppose devoir se passer de compagnes. Or, de deux choses l'une : ou le créateur a été bien imprévoyant ; ou bien il faut avouer qu'il n'a pas eu l'intention de nous donner nos organes à la condition expresse de nous en servir, puisqu'il n'en fournit point à tous le moyen.

L'observation et le raisonnement déposent à l'envi, soit contre le fait qui sert de base à ce long sophisme, soit contre les conséquences que l'auteur a déduites de ce prétendu fait.

Et d'abord, il est des pays, l'Asie, l'Afrique, où les naissances féminines sont, au contraire, en majorité. A la vérité M. Dufieux l'attribuera aux mœurs locales. Moi, j'y vois le signe d'une compensation providentielle ; et je me dis qu'un fait variable selon les lieux ne saurait être l'expression d'une loi générale.

Puis, s'il naît moins de filles que de garçons, il est reconnu que la mortalité, supérieure chez ces derniers, a presque rétabli l'équilibre vers la quinzième année. Toutefois, il y aurait encore un surplus pour le sexe masculin. Mais ce surplus est détruit par les guerres, les voyages, les émigrations, dont les effets portent sensiblement moins sur l'autre sexe.

M. Dufieux réclame contre cette donnée de l'observation.

« Ce dernier fait, dit-il, ne saurait être invoqué contre nous ; car si Dieu a prétendu manifester sa volonté dans ses œuvres, ce doit être par des actes qui émanent directement de lui, bien mieux que par des faits qui exigent entre eux et lui l'intervention humaine. Or, les guerres, les voyages, les émigrations qui peuvent avoir leur application dans l'ordre moral, s'écartent de la loi physiologique ; ils ne sont pas le produit de la simple nature, mais de la volonté de l'homme qui lui a fait violence. » J'ai à dessein laissé la parole à M. Dufieux ; j'aime à l'entendre déclarer (et peut-être aurai-je occasion de le lui répéter moi-même), que *si Dieu a manifesté sa volonté, ce n'est point par des faits qui exigent entre eux et lui l'intervention humaine.* Sur le point en litige, je me bornerai à faire remarquer que l'homme, destiné par la nature à nourrir sa famille, rencontre dans les fatigues, les courses, les rudes travaux, les hasards de toute sorte auxquels cette mission l'oblige, bien plus de causes de mort que sa compagne l'attendant paisiblement au foyer domestique. Ce ne sont plus là des causes accidentelles passagères, désavouées par la sagesse suprême ; leur retour est aussi constant que leur origine naturelle. On ne serait donc pas plus autorisé à les nier qu'à en espérer l'atténuation.

Accordons, cependant, que cette disproportion numérique des sexes existe et qu'elle cache quelqu'intention de Dieu. Celle que M. Dufieux se croit en droit de lui prêter, est-elle la seule, est-elle la plus plausible? L'organisme de la femme, vous ne l'ignorez pas, est ainsi disposé qu'elle est continuellement susceptible de recevoir les approches du mari; l'homme, au contraire, est organisé de manière à ne pouvoir satisfaire la femme que par intervalles. Il ne répugnerait donc point d'imaginer que le dispensateur suprême, si j'ose me permettre cette comparaison, a voulu, du côté de l'homme, compenser par le nombre des combattants leur incapacité à rester sous les armes aussi longtemps que l'ennemi. Ce serait là le complément de la pensée qui lui a fait prolonger, plus pour l'homme que pour la femme, la période de la vie où ils peuvent engendrer. En un mot, distribuer dans chaque sexe une somme égale d'aptitude procréatrice, et pour cela racheter, chez l'un, par la durée de la force ou par la multiplicité de ses moments d'action, ce que lui ôte son intermittence obligée, voilà une cause que la raison, ce me semble, n'aurait aucun motif de refuser d'admettre.

Faisons, je le veux, la part encore plus belle à notre adversaire. Oui, il y a partout et à tout âge plus d'hommes que de femmes. Mais avant que je me rende, veuillez, honoré confrère, résoudre une légère difficulté qui m'inquiète. Vous partez du fait de l'excédant masculin, interprétez à votre gré les volontés de Dieu sur lui, et concluez à son inaction obligatoire. Fort bien. Et si, à son tour, prenant la question de l'autre face, quelque philosophe s'avisait de remarquer, non plus qu'il naît trop d'hommes, mais qu'il naît *trop peu de femmes*, à quel système de promiscuité préétablie ne vous mènerait-il pas au nom des mêmes principes? Car si dans les vues du Créateur, différence en plus implique repos, différence en moins ne peut qu'imposer excès de travail. — Ne craignez rien toutefois, cher confrère, ma logique se reprocherait d'avoir fait rougir votre orthodoxie. Transigeons, j'y consens. Passez-moi la liberté d'action ; je vous dispense de l'action trop libre !

CHAPITRE II.

PENCHANTS DE L'HOMME.

Il existe au fond de notre nature un penchant qui nous porte à désirer l'acte conjugal. Ce penchant doit-il faire supposer l'obligation ou la nécessité de cet acte ?

On pressent la réponse de M. Dufieux. Voyons comment il la justifie.

Ce penchant, gênant pour sa cause, il va d'abord tout faire pour l'amoindrir. En premier lieu, dit-il, il n'est, à l'état normal, ni une nécessité invincible, ni une passion fatalement entraînante. Puis vient ici se glisser une toute petite théorie, trop curieuse pour qu'on la laisse passer inaperçue. L'homme, dit l'auteur, présente deux sortes d'organes : les uns destinés à l'entretien de la vie, les autres destinés à nous servir d'instruments dans nos relations avec les objets matériels. Les organes de la nutrition appartiennent au premier groupe ; les organes des sens appartiennent au second. Or, s'il est absurde de prétendre étouffer la voix des premiers, il n'est pas moins évident que les seconds peuvent être impunément condamnés au repos. Se priver de nourriture serait un suicide. Mais y aurait-il le même danger de rester sans voir ou sans parler ?

Tout ceci est fort juste. Mais quelle en est l'application à la thèse actuelle ? Le voici : Il n'est personne qui, à propos de l'instinct génésique, n'ait vingt fois lu ou employé des expressions semblables à celles-ci : *l'empire des sens, les orages des sens.* Il n'en faut pas davantage à M. Dufieux. Au nom de cette similitude grossière, l'appareil générateur, cet ensemble merveilleux que Dieu a placé si haut dans la hiérarchie des fonctions, dont les physiologistes ont fait une troisième vie distincte des deux autres, est placé sans façon à côté de l'odorat ou du goût. Et l'on se croit largement quitte envers lui en confessant que, comparativement aux autres organes des sens, sa voix semble *plus distincte et mieux caractérisée!*

Mais si faible qu'il soit, pourtant, si ravalé qu'on l'ait fait, besoin ou simple désir, ce penchant existe, universel, indestructible. Qu'en faire? Car si l'on a pu l'amoindrir, on n'ose le nier. M. Dufieux prend un parti plus simple : il en explique l'existence par *la dégradation de l'homme, dégradation résultant du péché et de la punition originelle* dont Dieu a frappé l'humanité. L'image que Dieu avait faite lui-même ne pouvait constituer qu'un être incliné au bien, et l'homme déchu est un être incliné au mal, etc.... Messieurs, une pareille solution n'est pas de celles qui se discutent. Mais paraîtra-t-elle bien satisfaisante aux lecteurs qui se rappelleront ces mots écrits en tête du même chapitre : « Les considérations que nous allons faire appartiennent essentiellement à la physiologie; aussi, dans toutes nos recherches, nous ne sortirons jamais du domaine de l'histoire naturelle, c'est-à-dire que toutes nos preuves seront appuyées sur cette science. »

M. Dufieux consacre ensuite de longues et éloquentes pages à prouver que la volonté peut dominer ce penchant maudit; que la continence finit par le calmer; que la débauche seule l'aiguise au point de le rendre indomptable. Il pousse même l'obligeance, mettant le précepte hygiénique à côté du danger, jusqu'à nous indiquer le facile remède de cet état dans la culture des mathématiques ou du nénuphar... Nous ne le suivrons point sur ce terrain. Dire qu'on peut s'abstenir, démontrer même qu'on a le droit de s'imposer cette privation, n'est point du tout avoir prouvé qu'elle soit licite à celui qui veut avant tout rester fidèle au vœu de la nature. Il faut la volonté la plus ferme pour résister indéfiniment à cet ordre si impératif quoique intermittent. L'estomac parle aussi, il accuse un besoin. Pour dompter sa voix, du moins pendant quelque temps, il faut toute l'énergie de la volonté. Et cependant la volonté est impuissante à commander l'appétit, comme elle est impuissante à commander la sensation voluptueuse et le phénomène érectile. En doit-on conclure que l'abstinence est dans les plans de la sagesse toute puissante, et que l'estomac n'a été donné à l'homme spécialement que pour jeûner?

Il règne, d'ailleurs, dans toute cette discussion, un singulier équivoque, et qu'il ne m'est point permis de croire involontaire. Pour célébrer la continence, ce sont des exemples de chasteté qu'on apporte en preuve. Puis, s'agit-il de décrier l'instinct génésique, ce sont les souillures de la débauche, les infâmes dépravations du Paganisme qu'on nous vient mettre sous les yeux. Est-ce par inadvertance que l'on a comblé ainsi la mesure d'un côté, tout en omettant de la remplir de l'autre? Ce reproche, qui frappe de nullité toute son argumentation, M. Dufieux sans doute l'a pressenti, car il va de lui-même au-devant : « Pour apprécier, dit-il, combien la continence est plus digne de l'homme que la copulation, il convient, selon nous, d'examiner l'une et l'autre dans l'usage exagéré qu'on en peut faire, plutôt que dans un état mitoyen qui ne nous offrirait pas des caractères assez tranchés. » La question, ainsi posée, me paraît résolue contre M. Dufieux ; car il s'appuie sur ce qui est, sur ce qu'il sait être fait exceptionnel, pour qualifier et condamner comme semblable tout ce qui se trouve compris entre les deux extrêmes qu'il lui a plu de prendre pour types. Si c'est un tableau que vous projetez, rien de mieux que de chercher des effets de couleur. Effacez le fond, grossissez les objets du premier plan ; artiste, votre but sera atteint. Mais pardevant la science un pareil artifice ne donne pas même à la cause qui l'emploie l'illusion d'un instant de triomphe. Quand vous aurez mis la continence fameuse d'Alexandre, de Scipion, en face des orgies de Néron, de Sardanapale, qu'aurez-vous prouvé, pour tout juge de sang froid? sinon qu'une victoire isolée sur ses passions est aussi facile à l'homme que le libertinage habituel lui est honteux et préjudiciable. Mais chasteté et continence absolue sont deux, de même que mariage et vie de débauche. *Utere, non abutere*, restera toujours la devise du sage. Et quoique ici, les suites de l'excès soient certes plus déplorables que celles de l'abstinence, le parti du juste milieu ralliera encore longtemps à lui l'immense majorité des suffrages.

Concluons : oui, j'en conviens avec l'auteur, l'homme peut réprimer, dans une circonstance, — pour un laps de temps, — vis à vis d'une certaine femme, l'instinct génital. Il fera plus : cette privation accidentelle, temporaire, personnelle, il saura se l'imposer toute sa vie. Mais quelle immolation de soi-même exige un pareil triomphe ! La médecine vous connaît, luttes solitaires d'où le vainqueur ne sort le plus souvent qu'au prix d'une ignoble rançon ! Est-ce là l'homme-nature? la vie physiologique? Les fakirs restent immobiles des années entières.

Tel saint personnage a passé le quart de sa vie sur une colonne. Dieu aurait-il voulu nous enseigner par là que l'homme, qu'il a doué des organes locomoteurs, est libre de préférer l'existence d'un mollusque?

CHAPITRE III.

EFFETS DE LA CONTINENCE ABSOLUE SUR LA SANTÉ.

Dieu a fait de l'accomplissement régulier des fonctions organiques la condition de la vie et de la santé. A-t-il voulu que la maladie ou la mort fussent la punition de celui qui enfreint ce précepte en gardant la continence absolue ?

Non encore, dit **M. Dufieux** ; et il appuie sa réponse sur deux considérations distinctes : l'une rationnelle, l'autre expérimentale. Il établit d'abord que l'accumulation dans l'organisme des matériaux de la génération ne constitue jamais un danger, parce que la nature sait s'en débarrasser à propos. Il avance, en second lieu, que les maladies attribuées par quelques auteurs à la continence reconnaissent, en réalité, de tout autres causes.

Sur le premier point, l'auteur débute par un argument extrèmement spécieux, et qui réclame toute notre attention.

« La menstruation, dit-il, est un moyen institué par la Providence pour maintenir l'équilibre de l'économie, en éliminant les matériaux de la génération lorsqu'ils ne sont point employés par la nature, et prévenir ainsi les maladies qui pourraient naître soit de l'afflux du sang vers les parties génitales de la femme, soit de sa surabondance dans l'organisme tout entier. La virginité peut donc invoquer ce phénomène en sa faveur, et il peut être considéré comme une autorisation du célibat, donnée par la nature elle-même ; car il témoigne que la virginité ne peut pas nuire à la santé, par cette raison toute simple que la men-

struation débarrasse l'économie des matériaux de la génération et prévient les accidents pléthoriques dont la continence pourrait être la cause. »

Si l'on éprouve, comme je l'ai dit, quelque embarras en
face de cette proposition, c'est parce qu'elle exprime un
fait très-exact, dont l'explication seule est erronée. Il est
positif, qu'à chaque époque cataméniale, des ovules mûrs
sont évacués spontanément. Mais la nature, en les expul-
sant ainsi, a-t-elle voulu les mettre dans des conditions
favorables à la fécondation ? ou a-t-elle simplement, comme
le suppose l'auteur, voulu s'en débarrasser ? La vérité est,
ici, d'autant plus difficile à pénétrer que des accidents
pléthoriques naissent très-réellement en effet de la sup-
pression, du retard ou de l'insuffisance des règles.

Mais sous ce nom vague de *pléthore*, l'auteur, on le voit
aisément, a confondu la surabondance des éléments géné-
rateurs fournis par la femme, — des ovules, — avec la
congestion résultant de la rétention du sang destiné à sortir
lors de chaque ponte spontanée. Otez à sa thèse l'appui de
cet équivoque, elle va crouler à l'instant. Car si, la menstruation manquant, il s'amasse dans l'économie un excès
de matériaux génésiques, diverses conséquences devraient
s'en suivre, dont, malheureusement pour la thèse de M.
Dufieux, l'observation nous offre justement tous les jours
l'exact contrepied. Ainsi :

Une femme défectueusement réglée devrait être fécondée
plus facilement, puisqu'elle garde, pour ainsi dire, des
ovules en magasin. Or, le contraire est une des vérités ba-
nales de la médecine pratique.

Deux jeunes filles sont menstruées à 14 ou 15 ans. Mais
l'une continue à l'être ensuite régulièrement ; l'autre, après
quelques retours normaux, voit ce flux supprimé jusqu'à

18 ans. De quelle flamme ne va pas s'allumer, chez la dernière, l'instinct génital attisé par la rétention, quatre années durant, de ces éléments, d'après **M.** Dufieux, si menaçants pour la continence ! Eh bien ! l'observation montre que, si elle est en effet sujette à des congestions diverses, *fatiguée par le sang*, la passion, le plus souvent, sommeille tout aussi paisiblement chez elle que chez sa compagne euménorrhéique.

Il y a plus (et nous rentrons ici dans l'étude de l'état normal): si l'évacuation menstruelle a été instituée pour faciliter la continence, nécessairement après chaque époque les feux du désir seront amortis, tomberont à leur minimum. Or, c'est tout juste le contraire qui se remarque. Et si **M.** Dufieux, préoccupé d'idées d'un autre ordre, s'est trouvé mal placé pour constater le fait, je puis lui affirmer, avec tous ceux qui ont voulu ou voudront diriger leur attention sur ce point, que l'appétence génitale a son paroxysme vers cette époque ; que telle femme, habituellement étrangère à ces impressions, ne sent jamais qu'immédiatement après le tribut mensuel, poindre des sensations qui l'étonnent.

En faut-il davantage pour montrer l'inanité de cette hypothèse ? Eh quoi ! la nature, dans ce retour si régulier du phénomène, n'aurait eu pour but, Pénélope nouvelle, que de détruire en trois jours ce qu'elle vient d'accomplir en un mois ! Appelez donc alors du nom d'excrément ce pollen flottant dans les airs, lettre chargée que la nature saura bien faire parvenir à son adresse ! Taxez de vile décharge cette multitude d'œufs que la femelle des poissons épanche annuellement sur le sable ! Libre à vous de n'y voir qu'une précaution providentiellement ordonnée pour lui faciliter la continence. Moi qui remarque que le mâle

ne tarde guère à passer après elle, je soupçonne qu'il pourrait bien avoir un autre but que de vous fournir un argument.

Pour ce qui est du sexe masculin, la question n'est point
douteuse. Mais je l'avoue, c'est avec une sorte de peine
qu'on voit élever par l'auteur, au rang de fonction naturelle,
ces pertes séminales, dont tout homme a honte et dégoût ;
qu'on se reproche presque, quoique involontaires ; qui
laissent toujours après elles un profond et durable sentiment de tristesse. Comparez cet état moral à la joie pure,
à l'orgueil instinctif qui suit, malgré la douce mélancolie
des premiers instants, la libre et pleine possession de
l'objet aimé, et dites si, après comme avant, la nature
ne nous a pas désigné assez clairement ce qui lui plaît et
ce qui la violente !

Peut-être n'y aurait-il pas à presser beaucoup cette
argumentation pour y trouver la justification de l'onanisme
chez tout célibataire que brûlent les feux du désir !... Mais
imitons l'auteur, et n'insinuons rien.

Quant aux maladies attribuées à l'abstinence charnelle,
M. Dufieux est tout à fait dans le vrai en réduisant à ses
justes dimensions le cadre un peu trop large qu'on leur
avait taillé. Je ne lui ferai à cet égard qu'un seul reproche :
c'est d'avoir, à plaisir, grossi l'objection, peut-être afin de
s'autoriser, en en montrant l'exagération, à la présenter
comme entièrement imaginaire. Aussi remporte-t-il une
facile victoire, en faisant voir dans autant de chapitres, que
la privation des jouissances conjugales n'entraîne ni l'impuissance, ni l'hystérie, ni la folie, ni une mort prématurée.
Mais le luxe même, en fait de preuves, n'est souvent là que
pour voiler l'indigence ; et il a été plus aisé à l'apôtre du
célibat de le disculper de ces griefs chimériques, que
d'étouffer les justes plaintes des médecins qui ont tant d'oc-

casions de constater, sur ses victimes même, l'effet de ce
régime forcé. — Relativement à la longévité des prêtres,
dont il fait un argument en faveur de la continence, on sait
quelle est dépassée de 6 ans chez les académiciens.

Veux-je dire par là que la continence menace la santé
d'une atteinte directe ? Non : si le campagnard, si le pri--
sonnier peuvent vivre sans presque employer l'appareil de
l'intellect ou de la locomotion ; si même il est vrai de dire
que l'inaction des organes anéantit peu à peu, dans ces
cas, le désir instinctif d'exercer la fonction, il en est de
même pour la reproduction. Le résultat n'important en
rien à la conservation de l'individu, le Créateur n'avait
point à nous avertir par une sensation aussi impérieuse
que la soif et la faim, à nous punir par une souffrance
immédiate, d'y avoir résisté. C'eût été (qu'on nous per-
mette, à notre tour, d'interpréter ses vues) une contradic-
tion flagrante à son plan primordial. Pour un acte qui
engage deux individus et leur impose de sérieux devoirs,
il ne devait armer aucun d'eux d'une impulsion qui pût
l'obliger à faire parfois violence à l'autre. Le lien des familles
et des sociétés se serait trop vite relâché, s'il eût été noué
par la contrainte. Toutefois, en supprimant la perturbation
morbide, qui partout ailleurs est la sanction de ses lois
méconnues, Dieu nous a invités, ici, par un charme si
particulièrement attractif, si supérieur à tout autre plaisir,
si intimement lié aux plus hautes jouissances morales,
qu'il a dû croire sa volonté expresse suffisamment notifiée.
Mais, encore une fois, l'homme devait rester maître de lui-
même dans des relations qui ne l'intéressent point seul ; et
l'immolation absolue que je combats, conséquence abusive
de cette liberté, est là pour témoigner, par un déplorable
mais significatif exemple, qu'il la possède sans limites.

CHAPITRE IV.

EFFETS DE LA CONTINENCE ABSOLUE SUR LA PROPAGATION DE L'ESPÈCE.

Tous les êtres organisés sont destinés à perpétuer leur espèce par la reproduction. Cette loi commune, Dieu, pour l'homme, a voulu l'écrire à la fois sur son corps et dans son cœur ; et le Christianisme la consacre par la formule la plus expressive. Donc, si dans chaque sexe, un certain nombre d'individus s'abstiennent de concourir à ce but, le précepte divin n'est-il pas violé par eux ? Non, répond encore et non moins catégoriquement M. Dufieux ; car leur inaction, dans les conditions où elle a lieu, ne nuit point à la multiplication de l'espèce ; bien plus, elle l'augmente ! — Certes, le théorème est hardi : voyons si les preuves le justifieront.

Nous savons déjà que, pour l'auteur, « la menstruation est établie en vue de débarrasser l'organisme féminin des matériaux de la génération. » Cependant, un scrupule lui revient ici sur la vraisemblance du rôle qu'il a assigné à ce phénomène. Peut-être, en effet, réfléchit-il, Dieu n'a permis cette séparation périodique de l'ovule que pour le placer dans des conditions où son contact avec le sperme soit plus intime. — Mais, initié comme il paraît l'être aux vues du Créateur, cette objection ne l'arrête pas plus de sept lignes. « Telles n'ont pas été ses intentions, affirme-t-il, car le phénomène qui favorise la fécondation de l'ovule, favorise tout aussi bien son expulsion. Or, puisque le

Créateur favorise à la fois la fécondation et l'expulsion, on
ne peut pas avancer qu'il ne favorise que la fécondation.
S'il n'eût voulu favoriser que la fécondation, il était assez
sage et assez puissant pour ne favoriser qu'elle. »

Je ne sais, Messieurs, si, malgré votre foi, Dieu vous
paraîtra assez puissant pour avoir ici pleinement donné
gain de cause à M. Dufieux. A mes yeux, je le confesse,
cette migration des ovules ne peut absolument pas descendre au rang d'une fonction excrémentitielle. Avec les
physiologistes, j'y vois un concert admirable entre deux
actes corrélatifs, grâce auquel l'ovule mûr sort de son en-
veloppe et se porte à la rencontre du fluide fécondant, de
manière à ce que celui-ci puisse l'atteindre à quelque hauteur que le mâle l'ait projeté dans le conduit vulvo-utéro-
tubaire.

Cependant, objecte l'auteur, pour que l'ovule fût fécondé,
était-il donc nécessaire qu'il abandonnât l'ovaire, puisque
le sperme peut arriver jusqu'à l'ovaire, ainsi que Bischoff
l'a constaté? — Mais, en supposant même (ce que je nie)
qu'il en soit souvent ainsi, ce sperme que vous avez vu sur
l'ovaire aurait-il pu vivifier un seul ovule, si celui-ci n'était
pas préalablement sorti de sa vésicule? Et cette sortie
n'était-elle pas le premier temps, nécessairement suivi de
tous les autres, de ce voyage de l'ovule au dehors, que vous
vous efforcez de représenter comme non indispensable à
sa fécondation?

Mais, insiste encore l'auteur, « Dieu aurait pu maintenir
les ovules adhérents à l'ovaire jusqu'à ce que la secousse
nerveuse imprimée à l'économie par l'orgasme vénérien
en déterminât le décollement : de cette manière, il aurait
pu forcer l'ovule à se mettre en contact avec la semence ;
de cette manière, aucun ovule n'eût été rejeté sans avoir

passé par les conditions capables de le féconder. » Or, comme évidemment Dieu n'a pas suivi ce programme qu'on se plaît à lui détailler, M. Dufieux en infère que c'est « parce qu'il prétendait ne rien établir de fixe, d'invariable, de nécessaire dans les phénomènes reproducteurs indépendants de la volonté humaine, comme s'il avait craint que l'homme ne s'autorisât de ces faits pour proclamer l'obligation de la propagation de l'espèce. »

A mon tour, maintenant, d'interpréter les vues du Créateur. Mais, je dois le déclarer, ma méthode diffère entièrement de celle-ci. Quand je cherche à pénétrer le but final de la suprême sagesse, quand surtout je veux conclure de l'étude de la fonction au précepte hygiénique ou moral, je prends pour point de départ, non ce que Dieu *n'a pas fait*, mais *ce qu'il a fait*. Or que vois-je ici ? En deux mots : plus de copulations que de conceptions, plus d'ovules évacués que de fécondés. Quelle conséquence en tirer ? Tout simplement que, voulant soustraire à notre libre arbitre le droit d'engendrer à volonté, le grand ordonnateur, là comme dans les deux règnes, a multiplié, même au prix d'une apparente prodigalité de moyens, les conditions propices à la réalisation de son plan.

Il a fait plus pour l'homme : tandis que dans les espèces animales même fort voisines de la nôtre, toute approche sexuelle est presque constamment fécondante, chez nous il a, et très-visiblement, permis un nombre considérable de copulations sans résultat. Mais les appellerons-nous stériles ces relations où le lien qui unit deux êtres semble chaque fois se resserrer d'une plus douce étreinte ? Et si un tel privilége, qui peut sembler une dérogation à l'ordre général, était justifié dans quelque point de la création, n'était-ce pas chez la femme, à qui cette intimité d'un moment, — et pour elle plus précieuse au cœur qu'aux sens, — aurait chaque fois imposé, avec une si lourde charge (1), des dangers ignorés dans les rangs inférieurs de l'échelle zoologique?

L'inaptitude de certains individus à engendrer est invoquée par M. Dufieux comme un argument non moins péremptoire. Chez les abeilles, chez les fourmis, la reproduction est confiée à une caste privilégiée; puis il existe un nombre beaucoup plus considérable d'êtres neutres. N'est-ce pas là, s'écrie-t-il, un produit constant et régulier de la nature? Pouvait-elle nous dire plus clairement que ses intentions ne sont pas de pousser nécessairement tous les êtres à la paternité? — L'exemple, j'en conviens, est parfaitement choisi. Aussi me déclaré-je prêt à admettre la légitimité de son application à l'espèce humaine, dès que M. Dufieux m'aura montré, parmi nous, la présence normale d'une classe d'individus congénialement voués par une organisation et des mœurs distinctes, à jouer le rôle d'eunuques.

Vous le savez, Messieurs, chez nous la nature n'a pas créé de ces différences tranchées. Mais il existe cependant des cas d'impuissance et de stérilité. Quoique peu nombreux, quoique résultant la plupart d'un état pathologique, quoique sujets à se démentir par le changement de l'un des deux conjoints, ces exemples d'infécondité ne pouvaient manquer d'être appelés au secours de la thèse que j'attaque. Pour moi, je le déclare, à la place de mon adver-

(1) Prenant à la lettre cette sorte de *droit au repos*, que la nature semble avoir voulu octroyer au sexe le plus faible, j'ai vu une mère — à la vérité aussi peu digne de ce nom que de celui d'épouse — se séparer de son mari sans autre motif que sept grossesses consécutives, sans la moindre intermittence.

saire, je les eusse laissés de côté. Car que peut prouver un accident, une anomalie, que sa rareté seule autorise à ranger parmi les exceptions ? Il naît des anencéphales, des luxations ilio-fémorales ; il s'observe des ramollissements cérébraux, des impotences morbides. Quel esprit droit en voudra conclure que, par là, Dieu a voulu montrer qu'il ne nous oblige ni à penser, ni à marcher ?

M. Dufieux ne l'entend point ainsi. Ces faits clair-semés de stérilité lui paraissent, au contraire, si décisifs, que, armé d'un tel argument, il se croit assez fort pour faire un pas de plus, et quel pas ! dans le système de négation qu'il poursuit. La stérilité prouve, dit-il, « non seulement que la nature ne nous commande pas la copulation, mais qu'elle semble même ne pas nous y autoriser. » Il ne décline aucune des conséquences de cette assertion, et conclut textuellement que « le mariage ne peut être en réalité qu'une tolérance de la nature. » Or, sur quoi s'appuie ce théorème ? Sur un syllogisme fort joli, dont je tiens à reproduire exactement les termes :

L'union sexuelle n'est autorisée par la nature que chez les individus réellement capables d'engendrer ;

Or, il existe des êtres stériles, desquels la science ne peut *à priori* pronostiquer l'inaptitude génératrice ;

Donc, aucun de ceux qui veulent se marier ne pouvant répondre qu'il possède cette aptitude, il ne peut être formellement autorisé par la nature au mariage.

Messieurs, j'ai le bonheur de parler, non dans une assemblée de casuistes, mais devant des médecins. Entre nous, exposer fidèlement de semblables principes, c'est les avoir suffisamment réfutés. Mais, je profiterai de l'occasion ; et, comme M. Dufieux, je veux ici dire toute ma pensée. Il y a des copulations non suivies de conception ;

il y a des êtres stériles. Nul ne le conteste. Mais est-ce là une raison valable pour faire un précepte de l'abstinence ? Tout grain jeté en terre ne devient pas épi. Faut-il pour cela ménager la semence ? — En médecine pratique, une dose médicamenteuse, accidentellement, a été évacuée intacte. Doit-on y voir l'indication de suspendre le traitement ? Non, sans doute : on étudie mieux le terrain, on varie la méthode et l'on redouble d'activité. — Je ne puis croire que les mêmes prémisses, dans un autre ordre de faits, puissent aboutir à une conséquence opposée. Et quand je vois un couple conformé et constitué régulièrement, animé de ce mutuel désir qui semble répondre que le but deviendra un résultat, quoique rien ne me démontre qu'il possède la faculté génératrice, je l'avoue, je n'aperçois nul inconvénient à ce qu'il *tente l'expérience* (l'expression est de M. Dufieux). Et si l'on vient, après coup, leur dire qu'il y a des êtres stériles, et qu'ils pourraient bien appartenir à cette classe, je l'avoue encore, je n'y verrai qu'une raison de plus, à eux, de ne pas se tenir pour battus par un premier échec, et de songer que c'est aux militaires en activité de service de suppléer les invalides.

Non seulement la virginité, selon M. Dufieux, ne diminue pas la population, mais encore elle l'accroît. C'est bien là sa pensée, et très-formellement exprimée ; car personne ne voudra prêter à un esprit aussi pieux l'intention d'une coupable équivoque, lorsqu'il écrit que « le célibat des prêtres tend à augmenter la propagation de l'espèce. » Suivons donc son raisonnement. L'homme, dit-il, est essentiellement imitateur : l'exemple l'impressionne et le persuade beaucoup plus que le précepte. Donc, en voyant devant lui des hommes qui demeurent étrangers aux jouissances du lit conjugal, le peuple ne sentira-t-il pas naître plus facilement dans son cœur le désir de marcher sur leurs traces ? Ils ont pu rester vierges, dira-t-il, ne pourrons-nous pas être chastes ? Dès lors, l'idée du devoir, dans la couche nuptiale, remplacera celle du plaisir ; et l'on verra disparaître la dépravation des mœurs, et par suite, l'onanisme conjugal, cause si sensible de diminution dans la reproduction de l'espèce.

Ma réponse sera facile : oui, ce résultat précieux, vous pouvez effectivement l'espérer de *l'enseignement* de la morale chrétienne. Mais, pour être autorisé à l'attendre de *l'exemple* donné par ses ministres, il faudrait d'abord avoir démontré que, là où avec le même enseignement ils ne donnent pas le même exemple, le mouvement ascensionnel de la population est, relativement, moindre. Or, parcourez les pays où le protestantisme domine (j'entends des pays également civilisés), et prononcez-vous même, — s'il existe une différence — à l'avantage de qui elle se trouve !

Il faut conclure, Messieurs, il faut surtout, après la critique, formuler mon opinion personnelle. J'y ai plus d'intérêt que vous ne sauriez en avoir de désir : car il n'entra jamais dans ma pensée d'exprimer contre la continence absolue une condamnation sans réserve ; et je tiens à ce qu'on n'interprète point ainsi les dénégations réitérées que m'imposaient les nécessités de la discussion. Mais, avec cette concession même, je crains fort de ne pouvoir tomber d'accord avec M. Dufieux. En effet, quoique prenant tous les deux un même point de départ, nous cheminons par des voies tellement différentes que je dois presque également désespérer de les voir aboutir soit à un terme commun, soit à un lieu de conciliation.

Quant à moi, — les yeux tournés uniquement vers l'instinct naturel, et m'isolant à dessein de toute préoccupation qui m'en pourrait distraire, — il n'est qu'une espèce de continence qui m'apparaisse compatible avec l'organisation humaine: celle qui s'établit d'elle-même par la force des choses, par le seul équilibre des fonctions, lorsque l'activité vitale, appelée ailleurs par un stimulus dominant, oublie, en quelque sorte, la sphère des appétits sensuels. Oui, je comprends la virginité qui s'ignore et ne se sent point subie ; qui naît du tempérament sans lui être imposée ; qui, absorbée par la contemplation de la vérité abstraite, par le culte poétique du beau , par les élans de l'ardeur philanthropique , écrase le pôle génital d'une indifférence sans lutte. La virginité de Newton , de saint Vincent de Paul, de Jeanne d'Arc, je la comprends, je l'admire, et c'est avec orgueil pour l'humanité que je la proclame un état naturel. Une telle situation, sous quelque face qu'on l'envisage , n'a droit qu'à nos respects ; car la virginité qui pénétra les lois de la gravitation, la virginité qui ouvrit un asile aux enfants délaissés, la virginité qui sauva la patrie, qui oserait l'appeler inféconde ?

Mais si, au lieu d'être un résultat, cette abstinence prétend devenir un agent ; si, renversant l'ordre émané du Créateur, la créature commence par opprimer l'un de ses penchants les plus pressants pour atteindre je ne sais quelle perfection idéale ; si, dans ce but, elle se voit forcée à des austérités débilitantes ou à des combats plus avilissants que la défaite, alors, — je le demande,— qui pourra me contredire quand j'affirme que là les tendances innées ont été violentées, que là il y a eu, il y a effort. Effort méritoire, je le sais, dans un autre ordre d'idées ; mais effort tellement antipathique à la constitution de l'homme, que, justement défiant de lui-même, il est contraint, pour dompter sa raison, d'armer sa volonté du levier de l'amour-propre et du respect humain, et ne se croit en sûreté contre les rébellions de la nature sacrifiée, que sous le double retranchement du vœu public et de l'observance en commun.

Vierges de tout sexe, de tout âge, enrôlés et militant à l'ombre de cette bannière, votre récompense n'est point de ce monde ; vous la placez plus haut. Pour moi, dans les limites où votre défenseur même m'a renfermé, je ne puis, quant à vos intérêts d'ici-bas, que vous plaindre ; — de par la physiologie, que vous rappeler à l'état normal ; — au nom de l'accroissement de l'espèce, — loi naturelle stricte et inéluctable, — que vous déclarer membres inutiles !

Lyon.—Imprimerie d'Aimé Vingtrinier, quai Saint-Antoine, 36.